Graphique:

Trisectrice

d'un Angle Arbitraire

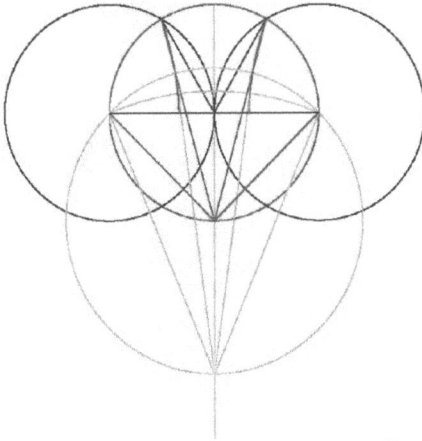

La 'Solution' du Probleme
Impossible

par
Harold Florentino LATORTUE, PhD

Version originale publiée aux Etats-Unis sous le titre:
Originally published in the USA, under the Title:

Graphic Trisection of an Arbitrary Angle

Copyright © 2017 by FLatortue LLC

IN MEMORIAM

De ma mère,

La 'Dame' Olga Latortue

et

De mon père,

Le 'Léopard' Fresnel Casséus

Vous avez refusé de m'apprendre à accepter les limites.

Vous avez vraiment rendu ma vie

SANS LIMITE

PENSÉES SPÉCIALES

A la Mémoire de

Iseline Lamarre Calixte

Vous avez changé mon monde.

DEDICACES

A mon fils

Didier Lawrence Latortue

et

A ma fille

Cryst-Ena Latortue

Je suis le plus heureux des pères avec les meilleurs enfants du monde.

Je suis fier de vous.

MERCI SPÉCIAL

A

Caroline

Tu es vraiment la 'Peste'.

'Ji'

Hane, tu es **Vital.**

AVERTISSEMENT 1:

Personne ne peut prouver qu'un problème est impossible à résoudre.

On peut seulement démontrer qu'on n'a pas de

solution à offrir.

Florentino Latortue

Préface

La méthode FLatortue pour résoudre la trisectrice d'un angle arbitraire α, s'adresse à tous ceux qui ont un intérêt en mathématiques ou en géométrie. Au grand public, aux étudiants du niveau secondaire intermédiaire assistant à un cours de géométrie, aux enseignants du secondaire, aux étudiants et aux professeurs de mathématiques aux niveaux du cycle supérieure dans une université, la méthode Flatortue, de la trisectrice d'un angle arbitraire, fournit les connaissances de base nécessaires (pour tracer la trisectrice d'un angle arbitraire à l'aide d'un compas et d'une équerre) qui faisaient défaut dans les domaines des études mathématiques et de géométrie pendant des siècles. La méthode FLatortue déclassifie la trisectrice d'un angle de la classe de 'problème impossible à résoudre' à celle de 'connaissance de base'. La méthode FLatortue ouvre les portes pour résoudre le problème de la division d'un angle arbitraire α en 'n' angles égaux quand 'n' est un nombre premier ('n' égal à 3, 5, 7, 11, etc..).

Dans ce livre, les étapes simples pour réaliser la trisectrice d'un angle arbitraire sont présentées ainsi que l'analyse algébrique qui montre pourquoi la méthode FLatortue est mathématiquement justifiée.

Harold Florentino LATORTUE, PhD

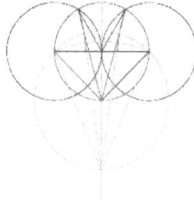

Graphique: Trisectrice d'un Angle arbitraire α

La méthode FLatortue

Introduction:

  Personne ne peut prouver qu'un problème est impossible à résoudre. On peut seulement démontrer qu'on n'a pas de solution à offrir. Cependant, essayer ou prétendre d'être capable de résoudre un problème classé comme 'impossible', par tous dans le domaine depuis l'aube de la science, est la plupart du temps étiqueté comme ' très présomptueux '. En fait, ceci explique pourquoi une telle personne, est décrite par cette citation de **https://en.wikipedia.org/wiki/Angle_trisection:**

" Parce qu'il est défini en termes simples, mais complexe à prouver insoluble, le problème de la trisectrice d'un angle est un sujet fréquent de tentatives pseudo mathématiques de solution par des naïfs passionnés. Ces 'solutions' souvent impliquent des interprétations erronées des règles, ou sont tout simplement incorrectes. "

La Trisection Graphique d'un Angle α
par Harold Florentino LATORTUE, PhD

La Trisectrice d'un angle arbitraire α, en utilisant seulement un compas et une règle non graduée, est classé comme l'un des problèmes géométriques impossibles à résoudre jusqu'à aujourd'hui. Pierre Wantzel, en 1837, a publié une étude où il a conclu que la trisectrice d'un angle arbitraire α est généralement impossible à tracer à l'aide d'une équerre et d'un compas à l'exception de quelques valeurs caractéristiques de α comme 180°, 90°, etc. Aujourd'hui, la plupart des mathématiciens sont d'accord avec cette affirmation.

Toutefois, suivant cette même logique, un scientifique d'avant 1492, aurait conclu que la terre était plate et il aurait pu facilement présenter la preuve mathématique de sa déclaration. Mais Christophe Colomb a gardé ses convictions du contraire. Son caractère ' présomptueux ' a fait de lui un homme très célèbre, dont le nom est encore très connu dans le monde entier cinq cent vingt - cinq ans plus tard.

Je pense qu': *'Il est plus difficile de convaincre les êtres humains que vous pouvez résoudre leurs problèmes 'impossibles' que de trouver les solutions'.*

Underwood Dudley a écrit :

> *'A Trisecteur est un personne qui a, il croit, réussi à trouver le moyen de diviser, avec le seul aide d'un compas et d'une équerre, tout angle en trois parties égales. Il arrive lorsqu'il vous envoi par courrier sa méthode et demande votre avis, ou (pire) vous appel pour en discuter, ou (pire encore) se présente en personne. Vous pensez que le problème de 'comment traiter avec un trisecteur n'est pas important; j'ai l'intention de vous montrer qu'il l'est'.*

Heureusement pour l'humanité, le Roi et la Reine d'Espagne n'ont pas partagé l'approche d'Underwood Dudley. Lorsque Christophe Colomb s'est présenté en personne pour solliciter leur aide pour son voyage qui a conduit à la découverte du nouveau monde, ils ont écouté.

J'ai décidé d'être aussi arrogant que Christophe Colomb pour définir l'objectif de cette étude pour démontrer que la déclaration de Pierre Wantzel (1837) est fausse. Je prouve dans ce livre qu'il y a un moyen simple et assez facile pour résoudre le problème 'impossible' de la trisectrice d'un angle arbitraire α en utilisant seulement un compas et une règle non graduée. Cette étude fournit la procédure pour parvenir à une telle solution pour n'importe quel angle de 0 ° à 360 ° en utilisant exactement ce qui est requis dans l'énoncé grec du problème de la trisectrice d'un angle.

Énoncé du problème :

Parmi plusieurs options que quelqu'un peut choisir, pour définir le problème de la trisection, nous pouvons citer les propos de ce site Internet (https://terrytao.wordpress.com/2011/08/10/a-geometric-proof-of-the-impossibility-of-angle-trisection-by-straightedge-and-compass/)

L'un des problèmes les plus connus des anciens mathématiciens grecques était celui de la trisectrice d'un angle utilisant seulement un compas et une règle non graduée. Ce problème a été finalement classé comme impossible en 1837 par Pierre Wantzel, utilisant des méthodes de la théorie de Galois.

Formellement, on peut définir le problème comme suit. Définir une configuration *d'éléments d'une collection finie C de points, de lignes et de cercles dans le plan euclidien. Définir une* étape *de la construction* comme l'une des opérations suivantes pour agrandir la collection C:

- *(Compas) Étant donné deux points distincts A et B en C, forme la ligne AB qui relie A et B et ajoutez-le aux C.*

- *(Compas) Étant donné deux points distincts A et B en C et donné un troisième point O en C (qui peut être ou pas égale à A ou B), former le cercle avec le centre O et de rayon égal à la longueur |AB| du segment joignant A et B et ajoutez-le aux C.*

- *(Intersection) Donné deux courbes distinctes γ et γ̄ en C (donc γ est une ligne ou un cercle en C et de même pour γ̄), sélectionnez un point P qui est commun à γ et à γ̄ (il y a au plus deux de tels points) et ajoutez-le aux C.*

On dit qu'un point, ligne ou cercle y constructible de compas et règle non graduée d'une configuration C s'il peut être obtenu de C après avoir appliqué un nombre fini d'étapes de construction.

La solution géométrique :

1 - Pour un angle donné α° de sommet A,

Ce que je fais ?

Vous commencez le processus pour diviser l'angle donné α° en trois (3) angles égaux (trisectrice) en utilisant seulement une règle non graduée et un compas. L'angle α° est arbitraire. Sa valeur ou sa taille n'est pas connue. Pour cette étude, nous faisons notre analyse quand l'angle α° se situe entre 0° et 180°. Pour l'angle α° supérieure à 180°, travailler sur l'angle $^\phi$° = 360° - α°, appliquer la méthode de FLatortue sur $^\phi$°. Puis soustraire le résultat ($^\phi$°/3) d'un angle de 120° pour obtenir les solutions pour la trisectrice de l'angle α° supérieur à 180°.

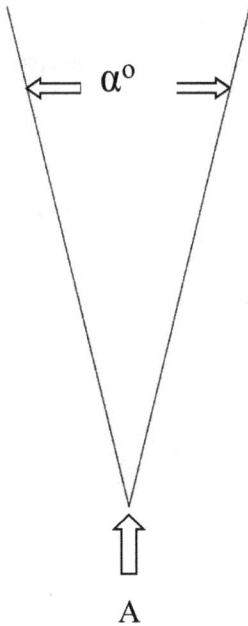

Figure 1 - Compte tenu de l'angle α^o de sommet A

Ce que je fais ?

Vous définissez les points B et C, qui sont les points clés pour la trisectrice. Le segment BC est le diamètre du cercle trigonométrique que vous allez construire dans les prochaines étapes. Le segment BC est l'axe des cosinus. Cependant, ce que représente le segment BC n'est pas important pour la solution graphique de la trisectrice. Vous devez juste garder à l'esprit les emplacements de B et C.

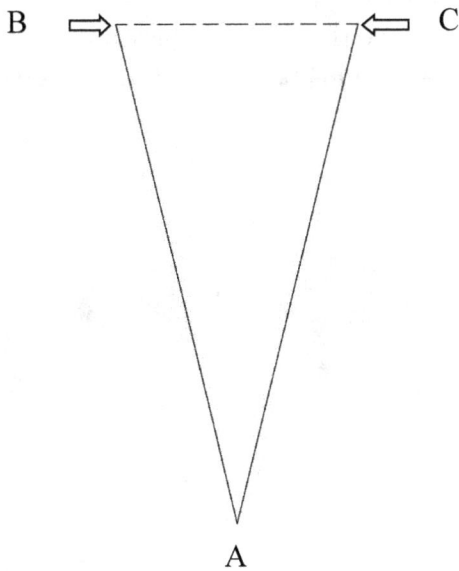

Figure 2 - Construire un triangle isocèle ABC

La Trisection Graphique d'un Angle α
par Harold Florentino LATORTUE, PhD   Page 17

3 - Construire la bissectrice de l'angle α° de sommet A.

Ce que je fais ?

Vous divisez l'angle BAC en 2 deux angles égaux. La ligne de la bissectrice définit l'axe de sinus du cercle trigonométrique que vous construirez. Savoir que la ligne de la bissectrice représente l'axe des sinus n'est pas important pour la solution graphique de la trisectrice. Mais, la bissectrice est la plus importante ligne de la méthode graphique de la trisectrice.

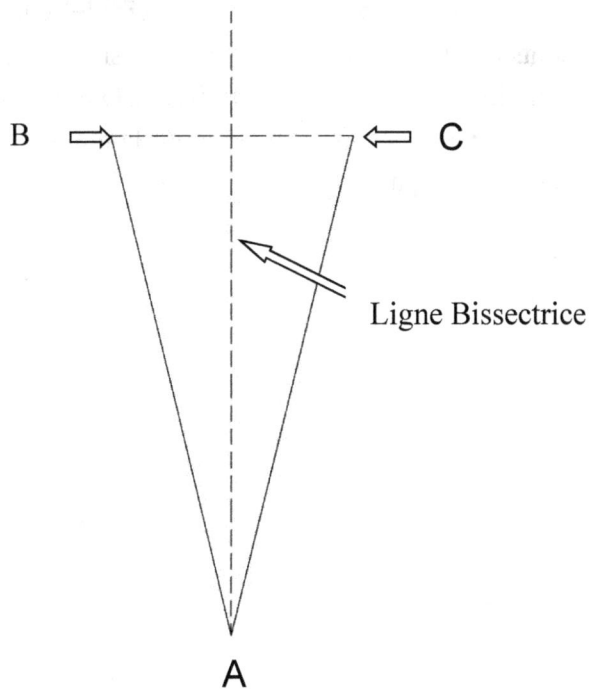

Figure 3 - Construire la bissectrice de l'angle α° de sommet A

Ce que je fais ?

Vous définissez le point qui divise le segment BC en deux segments égaux BO et OC. Le point O est le centre du cercle trigonométrique que vous construirez. BO et OC sont égaux au rayon du cercle trigonométrique. Pour la méthode graphique, ce qu'ils sont n'est pas important, mais où ils se trouvent.

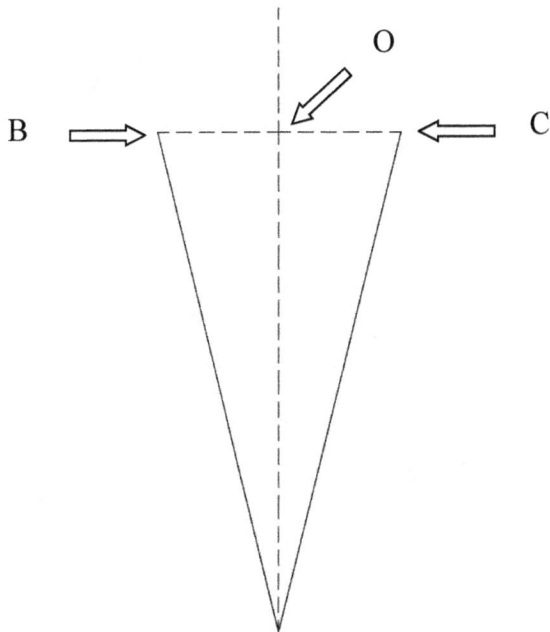

Figure 4 - Marquer le point O, intersection de la bissectrice et
du segment BC

5 – Tracer le cercle C_1 de centre O et de rayon est égale à OB

Ce que je fais ?

Vous dessinez le cercle trigonométrique mentionné ci-dessus.

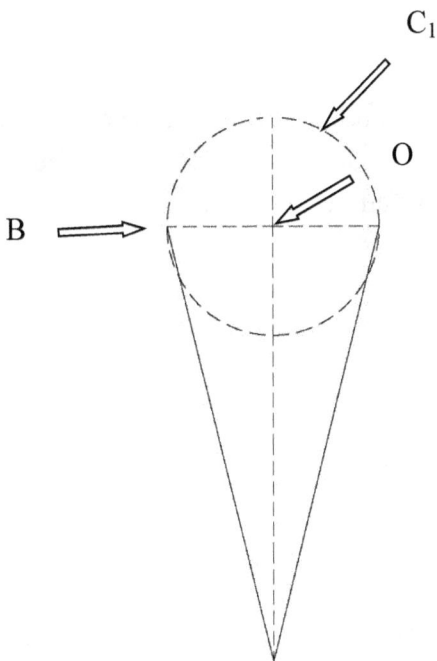

Figure 5 - Tracer le cercle C_1 de centre O et de rayon égal à OB

6 - Tracer le Cercle C_2 de Centre B et de rayon égal à BO

Ce que je fais ?

Vous dessinez le cercle C_2 qui, avec le cercle C_1 et le cercle suivant, vous donne tout ce dont vous avez besoin pour diviser un angle $\boldsymbol{\alpha}^{\mathbf{o}}$ de 180° en trois angles égaux de 60°.

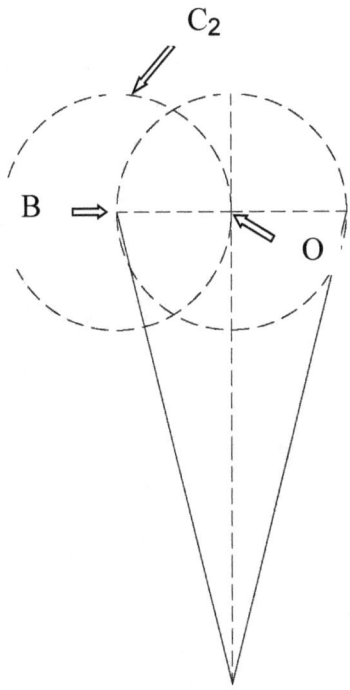

Figure 6 - Tracer le cercle C_2 de Centre B et de rayon égale BO

Ce que je fais ?

Vous dessinez le cercle C_3 qui, avec le cercle C_1 et le cercle C_2, constitue la base de la trisection d'un angle de $180°$ en trois angles égaux de $60°$.

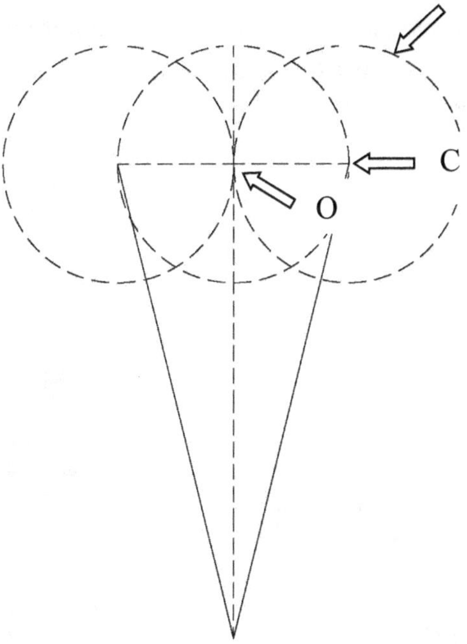

Figure 7 - Tracer le cercle C_3 de Centre C et de rayon égal à
CO

La Trisection Graphique d'un Angle α
par Harold Florentino LATORTUE, PhD

Ce que je fais ?

Vous trouvez le premier point de la solution pour la trisection d'un angle de 180°. L'angle BOD est cette solution et sa valeur est de 60°.

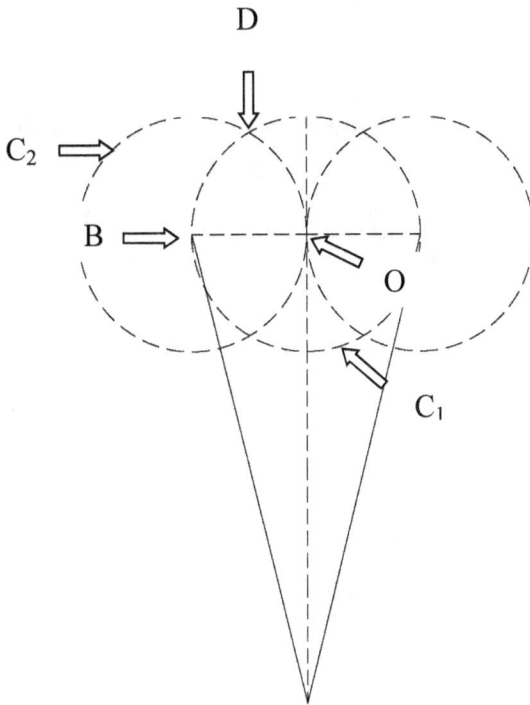

Figure 8 - Marquer D, l'intersection supérieure des cercles C_1 et C_2

Ce que je fais ?

Vous trouvez le deuxième point de la solution pour la trisection d'un angle de 180°. Les angles DOE et EOC sont les deux autres angles de la solution de la trisection d'un angle de 180°. Leurs valeurs sont de 60°.

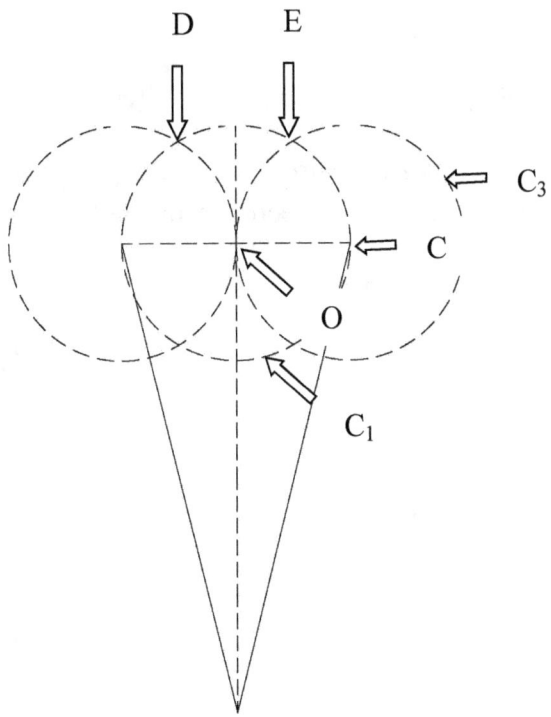

Figure 9 - Marquer E, l'intersection supérieure des cercles C_1
et C_3

10 - Marquer F, l'intersection inferieure du cercle C_1 et de la bissectrice AO

Ce que je fais ?

Vous marquez le centre F du cercle qui permettra de résoudre le problème de la trisection d'un angle de 90°.

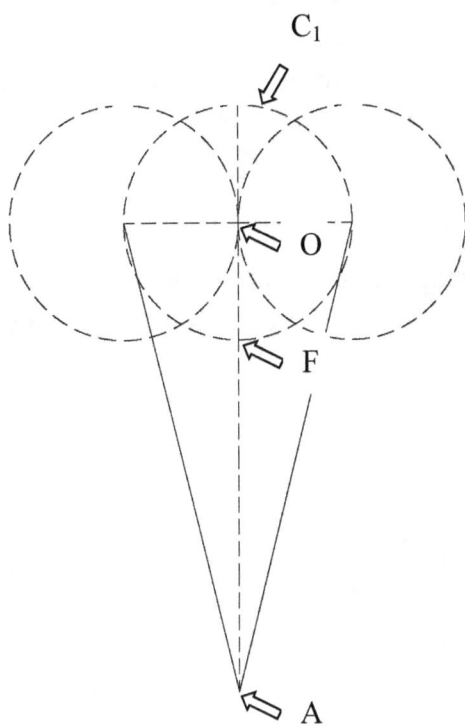

Figure 10 - Marquer F, l'intersection inferieure du cercle C_1 et
de la bissectrice AO

Puis dessiner entre les points B et C la partie supérieure de l'Arc C_4, de centre F et de rayon FB.

Ce que je fais ?

Vous dessinez l'Arc **C_4** qui résoudra la trisection d'un angle de 90°. Vous marquez aussi le centre G de l'Arc qui va résoudre le problème de la trisection d'un angle de 45°.

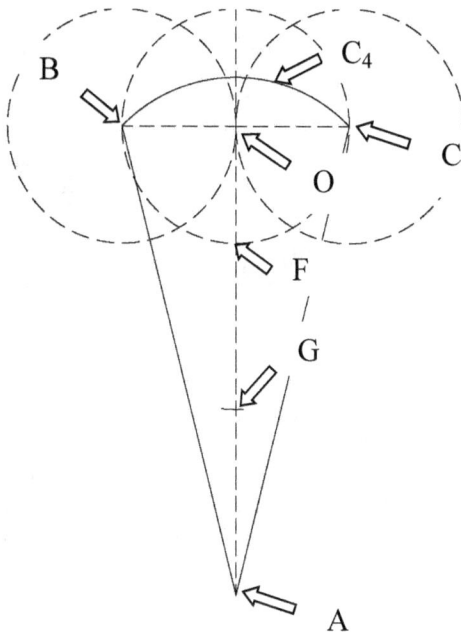

Figure 11 - Marquer G, l'intersection de la bissectrice AO avec la partie inférieure d'un cercle de centre F et de rayon FB. Puis tracer C_4.

La Trisection Graphique d'un Angle α
par Harold Florentino LATORTUE, PhD   Page 35

12 – Dessiner, entre B et C, la partie supérieure de l'Arc C_5 avec G pour centre et de rayon GB

Ce que je fais ?

Vous dessinez l'arc C_5 qui résoudra la trisection d'un angle de 45°.

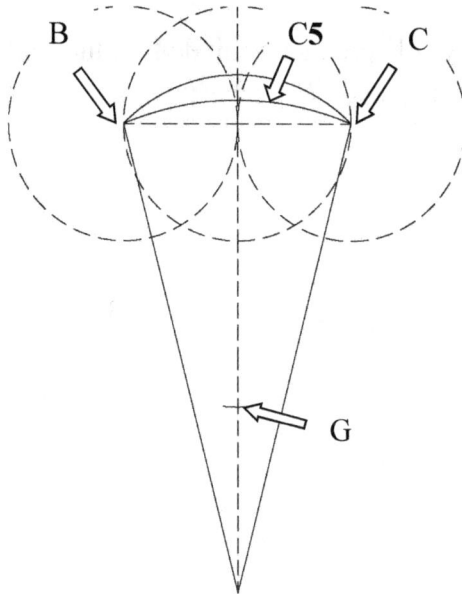

Figure 12 - Dessiner, entre B et C, la partie supérieure de l'Arc C$_5$ avec G pour centre et de rayon GB.

13 - Marquer H, l'intersection d'une ligne passant par les points F et D avec l'Arc C_4

Ce que je fais ?

Vous trouvez le premier point de la solution de la trisection d'un angle de 90°. L'angle BFH est cette solution et sa valeur est de 30°.

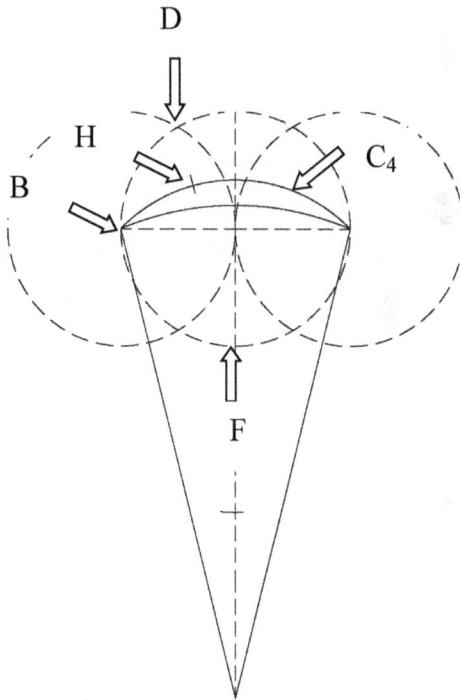

Figure 13 - Marquer H, l'intersection d'une ligne passant par les points F et D avec l'Arc C$_4$.

14 - Marquer le point I, intersection d'une ligne passant par les points F et E avec l'Arc C_4

Ce que je fais ?

Vous trouvez le deuxième point de la solution de la trisection d'un angle de 90°. Les angles HFI et IFC sont avec l'angle BFH les trois angles de la solution de la trisection d'un angle α de sommet F et égal à 90°. Ces trois angles sont tous égaux à 30°.

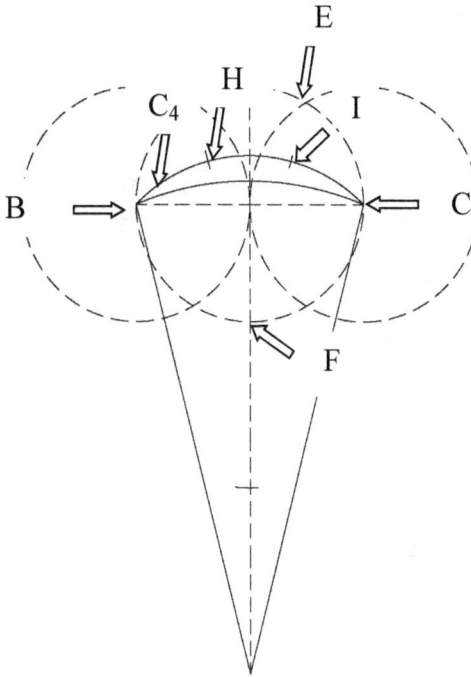

Figure 14 - Marquer le point I, intersection d'une ligne passant par les points F et E avec l'Arc C_4

15 - Marquer l'intersection J de l'Arc C_5 avec une ligne passant par les points G et H

Ce que je fais ?

Vous trouvez le premier point de la solution de la trisection d'un angle de 45°. L'angle BGJ est cette solution et sa valeur est de 15°.

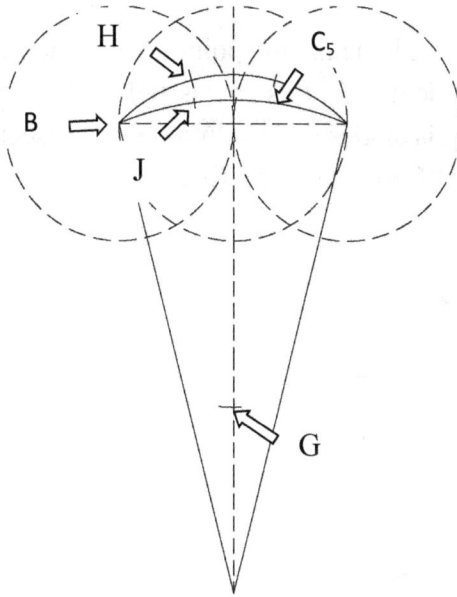

Figure 15 - Marquer l'intersection J de l'Arc C_5 avec une ligne passant par les points G et H.

16 - Marquer K, l'intersection de l'Arc C_5 avec une ligne passant par les points G et I

Ce que je fais ?

Vous trouvez le deuxième point de la solution de la trisection d'un angle de 45°. Les angles JGK et KGC sont avec l'angle BGJ les trois angles de la solution de la trisection d'un angle α de sommet G et égal à 45°. Ces trois angles sont tous égaux à 15°.

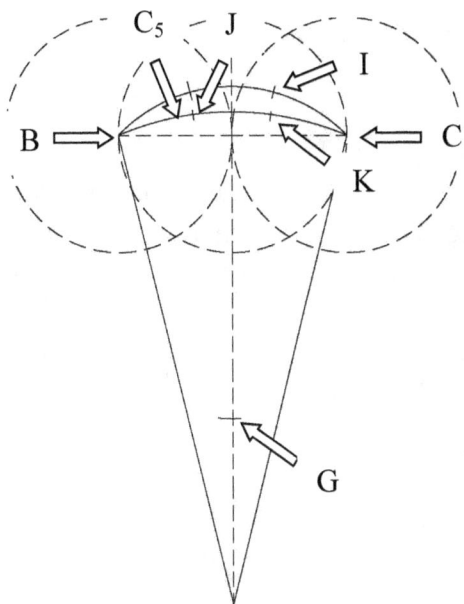

Figure 16 - Marquer K, l'intersection de l'Arc C_5 avec une
ligne passant par les points G et I.

17 - Marquer L, l'intersection supérieure du cercle C_1 avec la bissectrice AO, puis marquer le point M.

M est l'intersection de la bissectrice AO avec un cercle de centre L de rayon égal à LB

Ce que je fais ?

Vous marquez le centre M de l'Arc qui permettra de résoudre le problème de la trisection d'un angle de 135°.

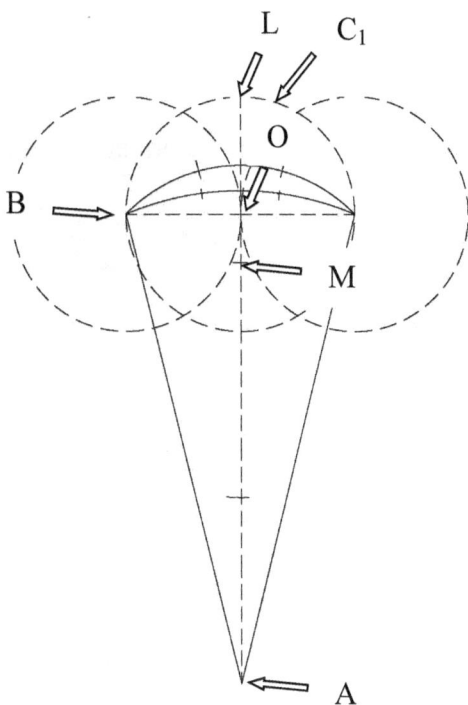

Figure 17 - Marquer L, l'intersection supérieure de C_1 avec AO. Puis marquer M, intersection de AO avec un cercle de centre L de rayon égal à LB

18 - Dessiner la partie supérieure de l'Arc C_6, de centre M et de rayon MB

Ce que je fais ?

Vous dessinez l'arc C_6 qui résoudra la trisection d'un angle de 135°.

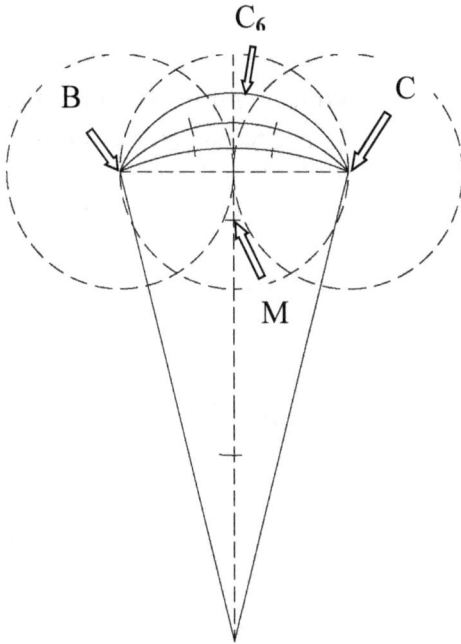

Figure 18 - Dessiner la partie supérieure de l Arc C_6, de centre M et de rayon MB

19 - Marquer N, l'intersection d'une ligne passant par les points L et B avec l'Arc C_6

Ce que je fais ?

Vous trouvez le premier point de la solution de la trisection d'un angle de 135°. L'angle BMN est cette solution et sa valeur est de 45°.

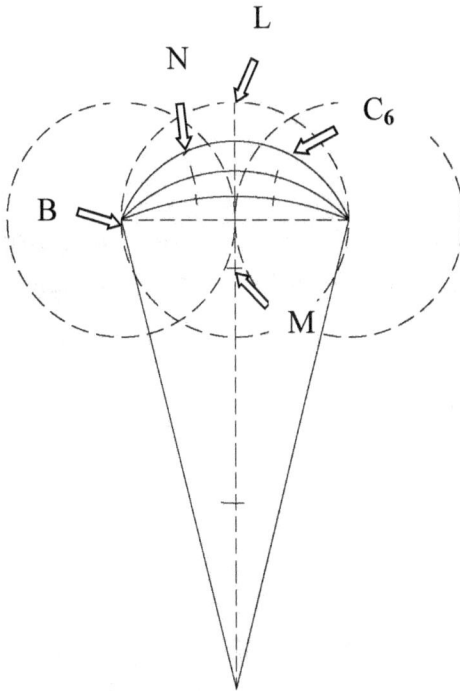

Figure 19 - Marquer N, l'intersection d'une ligne passant par les points L et B avec l'Arc C_6

20 - Marquer Q, l'intersection de l'Arc C_6 avec une ligne passant par les points L et C

Ce que je fais ?

Vous trouvez le deuxième point de la solution de la trisection d'un angle de 135°. Les angles NMQ et QMC sont avec l'angle BMN, les trois angles de la solution de la trisection d'un angle α de sommet M et égal à 135°. Ces trois angles sont tous égaux à 45°.

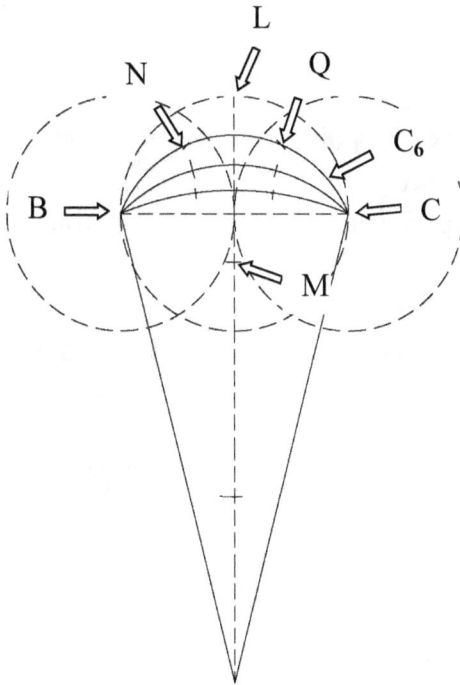

Figure 20 - Marquer Q, l'intersection de l'Arc C_6 avec une
ligne passant par les points L et C

La Trisection Graphique d'un Angle α
par Harold Florentino LATORTUE, PhD   Page 53

21 - Marquer les points R et S qui divisent le segment BC en trois segments égaux. (Annexe 1)

Ce que je fais ?

Vous trouvez les points de la solution pour la trisectrice d'un angle de 0°, avec la méthode FLatortue. Cette affirmation paraît bizarre au prime abord puisque nous savons tous, que la trisectrice d'un angle α de 0° produit trois angles de zéro degré et que les deux côtés des angles sont sur une seule ligne. Toutefois, si l'on considère qu'un angle de zéro degré a son sommet à l'infini, les côtés sont alors parallèles et se rencontrent à l'infini. Ainsi, l'affirmation est logique.

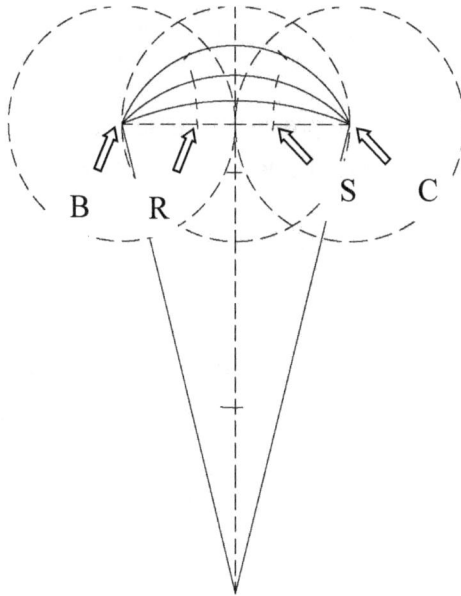

Figure 21 - Marquer les points R et S qui divisent le segment
BC en trois segments égaux

22 - Dessiner l'Arc C_7 passant par les points E, Q et I, puis dessiner l'arc C_8 passant par les points I, K et S

La courbe EQIKS forme Lieu 1.

Ce que je fais ?

Vous dessinez le premier lieu de tous les points des solutions de la trisectrice de l'angle α de 0° a 180°.

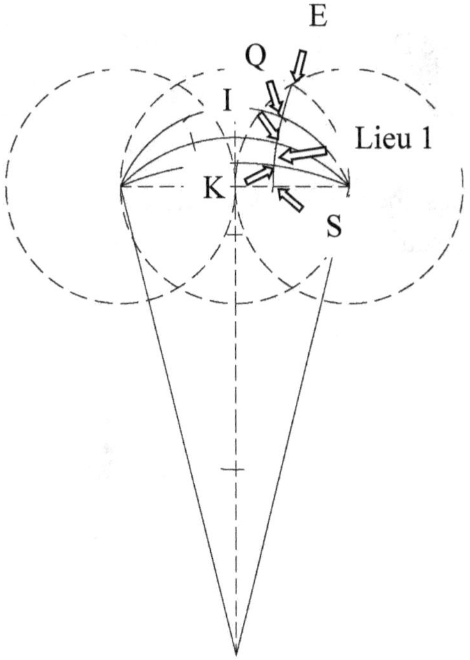

Figure 22 - Dessiner l'Arc C_7 passant par les points E, Q et I,
puis dessiner l'arc C_8 passant par les points I, K et S

23 - Dessiner l'Arc C_9 passant par les points D, N et H, puis dessiner l'Arc C_{10} passant par les points H, J et R

La courbe DNHJR forme le Lieu 2.

Ce que je fais ?

Vous dessinez le deuxième lieu de tous les points des solutions de la trisectrice de l'angle α de $0°$ a $180°$.

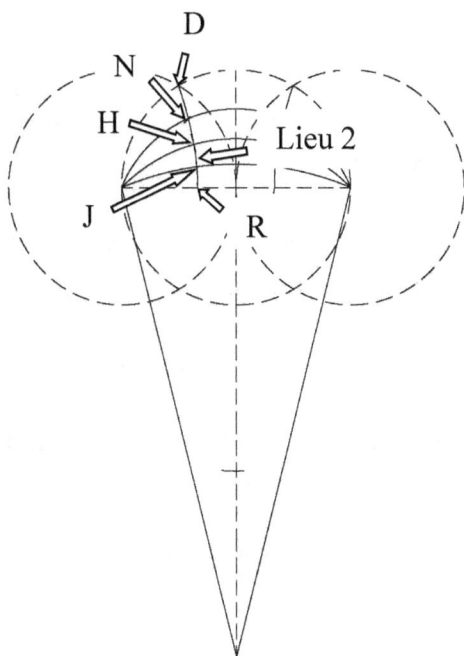

Figure 23 - Dessiner l'Arc C_9 passant par les points D, N et H, puis dessiner l'Arc C_{10} passant par les points H, J et R

Que dois je faire ?

- Dessiner la partie supérieure de l'Arc C_{11} ayant pour centre A et passant par les points B et C.

- Marquer les points P_1 et P_2, les intersections de l'Arc C_{11} avec le Lieu 1 et le Lieu 2.

- Dessiner les lignes P_1A et P_2A.

Les solutions de trois angles égaux de la Trisection de α sont les angles :

BAP_2, P_2AP_1 et P_1AC.

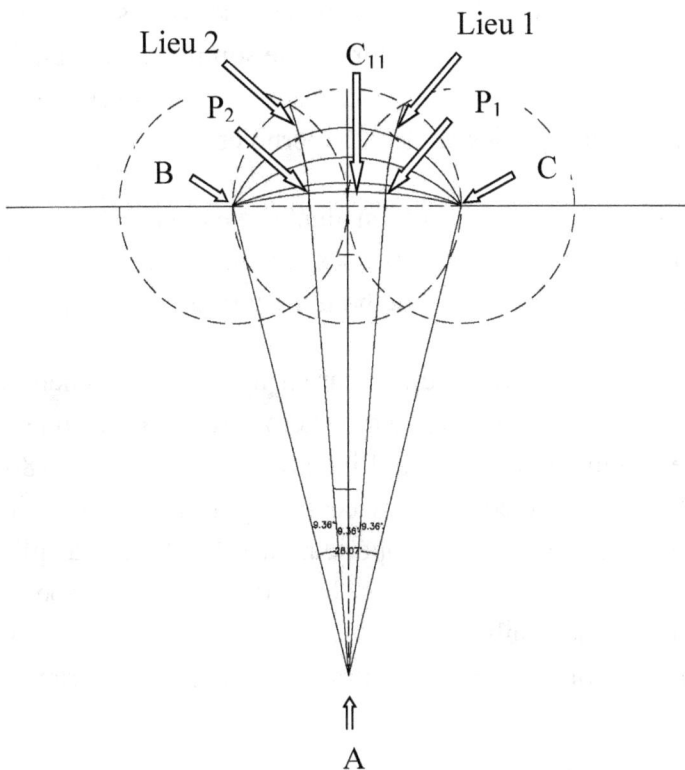

Figure 24 - Solutions de la trisection d'un angle arbitraire α

i – Le Lieu 1 et le Lieu 2 sont les deux courbes ou les points des solutions P_1 et P_2 sont localisés lorsque le sommet A de l'angle a diviser en trois angles égaux est placé sur la ligne bissectrice AO. Ces lieux sont des parties de deux hyperboles

II – La différence entre la solution algébrique et la solution graphique a été évaluée pour diverses valeurs de **α**. Les résultats confirment la précision de la méthode Flatortue.

III – Malgré que, les lieux définis par les hyperboles donneront toutes les solutions de points de **α** de zéro à 360°, la méthode Flatortue comme définie couvre l'intervalle de **α** de zéro a 180°. Cependant, c'est tout ce qui est nécessaire pour tout l'intervalle de zéro à 360°. Pour un angle α° supérieure à 180°, il faut travailler sur l'angle $\phi° = 360° - α°$, appliquer la méthode de FLatortue sur $\phi°$. Puis, soustraire le résultat ($\phi°/3$) d'un angle de 120° (annexe 2) pour obtenir les solutions pour la trisectrice de l'angle α° supérieur à 180°.

IV - Pour α égale à zéro et α égale à 360°, ces deux angles sont définis par une seule ligne et un sommet et non par deux lignes, comme c'est le cas tous les autres angles. Cependant, les solutions pour ces angles singuliers sont déjà connues:

a - Diviser un angle α égale à zéro en trois parties égales produit trois angles, tous égales a zéro.

b - Diviser un angle de 360° peut être facilement réalisé en construisant trois angles de 120° ou (180° - 60°).

La Trisection Graphique d'un Angle α
par Harold Florentino LATORTUE, PhD

SOLUTION ALGÉBRIQUE

Approche algébrique de la Solution

Étant donné un angle BAC de sommet A et dont la valeur α est inconnue, construire un triangle isocèle ABC avec les côtés AB et AC égaux. Puis tracer la bissectrice AO de l'angle A.

A l'intersection 'O' de la ligne bissectrice et du côté BC du triangle ABC, tracer un système de coordonnées cartésien avec l'axe des X passant par la ligne BC et l'axe des Y passant par la ligne bissectrice AO. L'origine du système de coordonnées cartésiennes est le point O (0,0).

Dessiner la partie supérieure de l'arc BC avec comme centre le point A et de rayon AB.

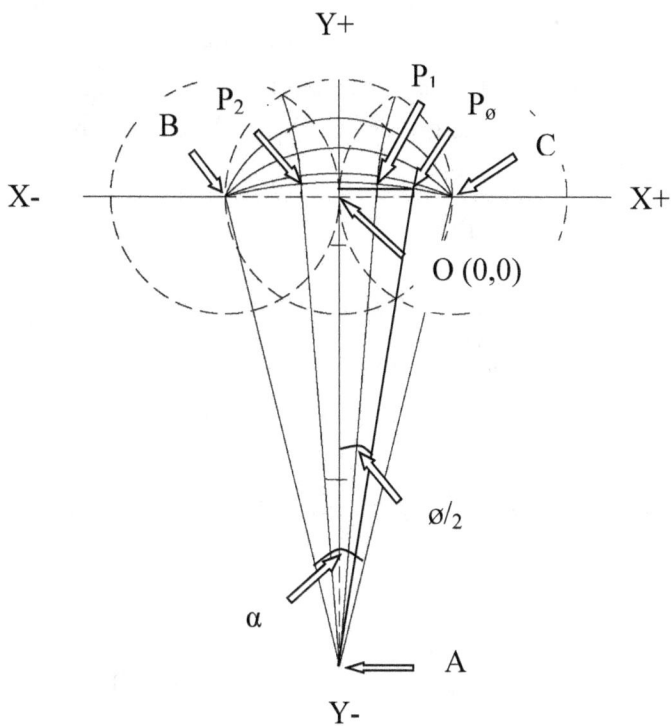

Figure 25 - Le système de coordonnées cartésien

Pour l'angle α à diviser en trois parties égales ou trisection, considérons la figure ci-dessus. Les deux lignes intérieurs, AP_1 et AP_2, délimitant les angles de la trisection seront sur l'arc BC. Les coordonnées de n'importe quel point P_ϕ sur l'arc y compris les points P_1 et P_2 peuvent s'écrire :

P_ϕ [Rsin(ø$_P$), Rcos(ø$_P$) - Rcos(α/2)]

Où :

(ø$_P$) est la valeur de l'angle >PAO

et

α est la valeur de l'angle arbitraire à diviser par trois.

et

R est le rayon du cercle dont le centre est au sommet A de l'angle à diviser et traversant l'axe des X aux points B et C.

Ainsi, les coordonnées des points P_1 et P_2 de la solution de la trisection de l'angle BAC sont :

$Y = R\cos(α/6) - R\cos(α/2)$

Ou

$$Y = R(\cos(α/6) - \cos(α/2)) \qquad (1)$$

et

$$X = \pm R\sin(α/6) \qquad (2)$$

Forme A ou forme paramétrique des équations

$X = \pm R\sin(\alpha/6)$

$Y = R[\cos(\alpha/6) - \cos(\alpha/2)]$

> **Form A de l'equation**
>
> $X = \pm R\sin(\alpha/6)$
>
> $Y = R(\cos(\alpha/6) - \cos(\alpha/2))$

NB : Il est important de noter que la forme A définit deux équations et non une.

a - La première équation définit le point P_1 par $X = +R\sin(\alpha/6)$

et

b - la deuxième équation définit le point P_2 par $X = - R\sin(\alpha/6)$.

      Dans ce qui va suivre, nous allons analyser la première équation, dont les points sont dans le premier quadrant du cercle trigonométrique, en fixant l'intervalle des valeurs de α a la valeur positive de l'équation X.

Forme B l'équation

Soit ' K ' la longueur du segment BO, alors

$K = R\sin(\alpha/2)$ ou $K^2 = R^2\sin^2(\alpha/2)$ (3)

Des équations (1), (2) et (3) on obtient :

$Y^2 = R^2[\cos(\alpha/6) - \cos(\alpha/2)]^2$

$Y^2 = R^2[\cos^2(\alpha/6) + \cos^2(\alpha/2)] - 2R^2\cos(\alpha/6)\cos(\alpha/2)$

$Y^2 = R^2[1 - \sin^2(\alpha/6) + 1 - \sin^2(\alpha/2)] - 2R^2\cos(\alpha/6)\cos(\alpha/2)$

$Y^2 = R^2 - R^2\sin^2(\alpha/6) + R^2 - R^2\sin^2(\alpha/2) - 2R^2\cos(\alpha/6)\cos(\alpha/2)$

$Y^2 = R^2 - X^2 + R^2 - K^2 - 2R^2\cos(\alpha/6)\cos(\alpha/2)$

$Y^2 + X^2 = 2R^2 - K^2 - 2R^2\cos(\alpha/6)\cos(\alpha/2)$

$$\boxed{Y^2 + X^2 = 2R^2 - K^2 - 2R^2\cos(\alpha/6)\cos(\alpha/2)}$$

Puisque :

$Y = R\cos(\alpha/6) - R\cos(\alpha/2)$

$R/Y = \cos(\alpha/6) - \cos(\alpha/2)$

$\cos(\alpha/6) = Y/R + \cos(\alpha/2)$

Ainsi, nous avons

$Y^2 + X^2 = 2R^2 - K^2 - 2R^2[(Y/R + \cos(\alpha/2)]\cos(\alpha/2)$

$Y^2 + X^2 = 2R^2 - K^2 - 2RY\cos(\alpha/2) - 2R\cos^2(\alpha/2)$

$Y^2 + X^2 = 2R^2[1 - \cos^2(\alpha/2)] - K^2 - 2RY\cos(\alpha/2)$

$Y^2 + X^2 = 2R^2\sin^2(\alpha/2) - K^2 - 2RY\cos(\alpha/2)$

Vu que : $K^2 = R^2\sin^2(\alpha/2)$

Alors,

$Y^2 + X^2 = 2K^2 - K^2 - 2RY\cos(\alpha/2)$

$Y^2 + X^2 = K^2 - 2RY\cos(\alpha/2)$

Cette équation peut être réécrite sous la forme :

$Y^2 + 2RY\cos(\alpha/2) + X^2 = K^2$

$[Y + R\cos(\alpha/2)]^2 - R^2\cos^2(\alpha/2)) + X^2 = K^2$

$[Y + R\cos(\alpha/2)]^2 + X^2 = K^2 + R^2\cos^2(\alpha/2)$

$[Y + R\cos(\alpha/2)]^2 + X^2 = K^2 + R^2[1 - \sin^2(\alpha/2)]$

$[Y + R\cos(\alpha/2)]^2 + X^2 = K^2 + R^2 - R^2\sin^2(\alpha/2)$

$[Y + R\cos(\alpha/2)]^2 + X^2 = K^2 + R^2 - K^2$

$[Y + R\cos(\alpha/2)]^2 + X^2 = R^2$

Forme B de l'équation

$$[Y + R\cos(\alpha/2)]^2 + X^2 = R^2$$

---

1 - C'est l'équation d'un cercle sur la forme de :

$$(Y - Y_0)^2 + (X - X_0)^2 = R^2$$

Avec : $Y_0 = -R\cos(\alpha/2)$ et $X_0 = 0$

2 - l'équation est indépendante du segment K.

3 - On peut remarquer que le cercle change de taille et de position lorsque l'angle α varie. Les raisons sont :

a - $Y_0 = -R\cos(\alpha/2)$ n'est pas constant

b - En gardant BO fixe, et modifiant la valeur de α, la valeur de R change.

4 - Le centre A du cercle coulisse vers le haut ou vers le bas le long de l'axe des Y selon si vous augmentez ou diminuez la valeur de α.

5 - L'arc correspondant BC va se gonfler ou s'aplatir selon que vous augmentez ou diminuez la valeur de α.

> **Il est important de se rappeler ces comportements caractéristiques du graphique. Ils sont les clés qui permettent de déterminer la trisection d'un angle arbitraire α.**

La solution algébrique :

Pour n'importe quel angle BAC de valeur α, la procédure algébrique pour diviser l'angle en trois parties égales est comme suit :

1 - Trouver pour α le rayon R

$$R = K/\sin(\alpha/2)$$

2 - à l'aide de R, déterminer X

$$X_1 = R\sin(\alpha/6)$$

$$X_2 = -R\sin(\alpha/6)$$

3 - calculer Y

$$Y_1 = Y_2 = R(\cos(\alpha/6) - \cos(\alpha/2))$$

4 – Puis les coordonnées des points P_1 et P_2

$$P_1(X_1, Y_1) \text{ et } P_2(X_2, Y_2)$$

5 - Trouver les coordonnées du sommet A de l'angle :

a - $Y_A = -R\cos(\alpha/2)$

b - $X_A = 0$

c - $A(0, Y_A)$

Les trois angles de la trisection sont délimitées par :

Ligne AB : $A(0, Y_A)$ et B (-K, 0)

Ligne P_2A : $A(0, Y_A)$ et $P_2(X_2, Y_2)$

Ligne P_1A : $A(0, X_A)$ et $P_1(X_1, Y_1)$

Ligne AC : $A(0, Y_A)$ et $C (+ K, 0)$

Les trois angles égaux de la solution sont : $>BAP_2$, $> P_2AP_1$ et $>P_1AC$.

Remarques :

     1 - Pour utiliser la méthode algébrique de la trisection de l'angle α, on doit connaître la valeur arithmétique de l'angle. Cette valeur n'est pas nécessairement disponible lorsque l'angle est simplement dessiné sur une feuille de papier.

     2 - Pour certains angles tels que: 180°, 90° les solutions graphiques sont déjà connues.

     3 - Cette proposition de procédure algébrique pour trouver la trisection est valable pour n'importe quelle valeur de α à l'exception de α égal à zéro et à 360° qui produisent une valeur de ∞ pour le rayon R. Toutefois, les solutions pour ces angles singuliers sont déjà connues puisque:

     a - Diviser un angle de valeur zéro en trois parties égales produit trois angles de valeurs tous égales à zéro.

     b - Diviser un angle de 360° en trois parties égales peut être facilement réalisé en construisant trois angles de 120° (180° - 60°).

Cas de α égal à 180°

C'est l'un des angles pour lequel il y a des façons simples qui permettent de le diviser graphiquement par trois. Nous allons choisir **K égal à 1**. (Il faut se rappeler que K peut prendre n'importe quelle valeur). Ainsi, les coordonnées de B et C sont :

B (-K, 0) ou B (-1, 0)

C (+K, 0) ou C (+1, 0)

1 - Pour α = 180° trouver le rayon R

$R_{180} = 1/\sin(180°/2) = 1/\sin(90°) = 1/1$

$R_{180} = 1$

2 - A l'aide de R_{180}, déterminer X_{180}

$X_{P1} = 1 * \sin(180°/6) = 1 * \sin(30°) = 1*(1/2)$

$X_{P1} = + 0,5$

$X_{P2} = -1 * \sin(180°/6) = -1 * \sin(30°) = -1*(1/2)$

$X_{P2} = -0,5$

3 - Puis calculer Y_{180}

$Y_{P1} = Y_{P2} = R [\cos(180°/6) - \cos(180°/2)]$

$Y_{P1} = Y_{P2} = 1*[\cos(180°/6) - \cos(180°/2)]$

$Y_{P1} = Y_{P2} = 1*[\cos(30°) - \cos(90°)]$

$Y_{P1} = Y_{P2} = 1*[(3)^{1/2}/2 - 0]$

$$\mathbf{Y_{P1} = Y_{P2} = 0.866025}$$

4 - Points P_1 et P_2

$$\mathbf{P_1(0.5,\ 0.866025)\ et\ P_2(-0{,}5,\ 0.866025)}$$

5 - Trouver les coordonnées du sommet A de l'angle :

a - $\mathbf{Y_A = -Rcos(\alpha/2)}$

$\mathbf{Y_A = -1 * cos(180°/2) = -1 * cos(90°) = -1 * 0}$

$\mathbf{Y_A = 0}$

b - $\mathbf{X_A = 0}$

$\mathbf{X_{180} = 0}$

c - $A_{180}\ (0,\ Y_A)$

$\mathbf{A_{180}\ (0,\ 0)}$

Les trois angles de la trisection sont délimitées par :

Ligne AB : $\mathbf{A_{180}\ (0,\ 0)}$ et $\mathbf{B\ (-1,\ 0)}$

Ligne P_1A : $\mathbf{A_{180}\ (0,\ 0)}$ et $\mathbf{P_1(+\ 0{,}5,\ +0.866025)}$

Ligne P_2A : $\mathbf{A_{180}\ (0,\ 0)}$ et $\mathbf{P_2(-0{,}5,\ +0.866025)}$

Ligne AC : $\mathbf{A_{180}\ (0,\ 0)}$ et $\mathbf{C\ (+1,\ 0)}$

Les trois angles égaux de la solution sont : BAP_1, P_1AP_2 et P_2AC

Cas de α égal à 90°

C'est l'un des angles pour lequel il y a des façons simples qui permettent de le diviser graphiquement par trois. Nous allons choisir **K égal à 1**. (Il faut se rappeler que K peut prendre n'importe quelle valeur). Ainsi, les coordonnées de B et C sont :

B (-K, 0) ou B (-1, 0)

C (+K, 0) ou C (+1, 0)

1 - Pour $\alpha = 90°$ trouver le rayon R

$$R_{90} = 1/\sin(90°/2) = 1/\sin(45°) = 1 / (2^{1/2} - 2)$$

$R_{90} = 1.414213$

2 - A l'aide de R_{90}, déterminer X_{90}

$$X_{P1} = 1.414213\sin(90°/6) = 1.414213\sin(15°)$$

$$X_{P1} = 1.414213*0.258819$$

$X_{P1} = + 0.366025$

$$X_{P2} = - 1.414213\sin(90°/6) = -1.414213\sin(15°)$$

$$X_{P2} = -1.414213*0.258819$$

$X_{P2} = -0.366025$

3 - Puis calculer Y_{90}

$$Y_{P1} = Y_{P2} = R[\cos(90°/6) - \cos(90°/2)]$$

$$Y_{P1} = Y_{P2} = 1.414213\,[\cos(90°/6)-\cos(90°/2)]$$

$$Y_{P1} = Y_{P2} = 1.414213\,[\cos(15°) - \cos(45°)]$$

$$Y_{P1} = Y_{P2} = 1.414213*(0.258819)$$

$$\mathbf{Y_{P1} = Y_{P2} = +0.366025}$$

4 - Points P_1 et P_2

$$\mathbf{P_1(+0.366025, +0.366025)} \text{ et } \mathbf{P_2(-0.366025, + 0.366025)}$$

5 - Trouver les coordonnées du sommet A de l'angle :

a - $Y_A = - R\cos(\alpha/2)$

$Y_A = - 1.414213 \cos(90°/2) = - 1.414213 \cos(45°)$

$Y_A = - 1.414213*0.707106$

$\mathbf{Y_A = - 1}$

b - $X_A = 0$

$\mathbf{X_{90} = 0}$

c - $A_{90} (0, Y_A)$

$\mathbf{A_{90} (0, - 1)}$

Les trois angles de la trisection sont délimitées par :

Ligne AB : $\mathbf{A_{90} (0, - 1)}$ et $\mathbf{B (-1, 0)}$

Ligne P_1A : $\mathbf{A_{90} (0, - 1)}$ et $\mathbf{P_1(0.366025, 0.366025)}$

Ligne P_2A : $\mathbf{A_{90} (0, - 1)}$ et $\mathbf{P_2(-0.366025, 0.366025)}$

Ligne AC : $\mathbf{A_{90} (0, - 1)}$ et $\mathbf{C (+ 1, 0)}$

Les trois angles égaux de la solution sont : BAP_1, P_1AP_2 et P_2AC

Cas de α égal à 45°

C'est l'un de l'angle pour lequel il y a des façons simples qui permettent de le diviser graphiquement par trois. Nous allons choisir **K égal à 1**. (Il faut se rappeler que K peut prendre n'importe quelle valeur). Ainsi, les coordonnées de B et C sont :

B (-K, 0) ou B (-1, 0)

C (+ K, 0) ou C (+ 1, 0)

1 - Pour α = 45° trouver le rayon R

$$R_{45} = 1/\sin(45°/2) = 1/\sin(22.5°) = 1/(0.382683)$$

$R_{45} = 2.613125$

2 - A l'aide de R_{45}, déterminer X_{45}

$$X_{P1} = 2.613125\sin(45°/6) = 2.613125\sin(7.5°)$$

$$X_{P1} = 2.613125*0.130526$$

$X_{P1} = + 0.3410813773$

$$X_{P2} = -2.613125\sin(45°/6) = -2.613125\sin(7.5°)$$

$$X_{P2} = -2.613125*0.130526$$

$X_{P2} = -0.341081$

3 - Puis calculer Y_{45}

$$Y_{P1} = Y_{P2} = R[\cos(45°/6) - \cos(45°/2)]$$

$$Y_{P1} = Y_{P2} = 2.613125[\cos(45°/6) - \cos(45°/2)]$$

$Y_{P1} = Y_{P2} = 2.613125 [\cos (7.5^\circ) - \cos (22.5^\circ)]$

$Y_{P1} = Y_{P2} = 2.613125 (0.991444 - 0.923879)$

$Y_{P1} = Y_{P2} = 2.613125 * 0.067565$

$Y_{P1} = Y_{P2} = 0.176556$

4 - Points P_1 et P_2

$\quad P_1 (0.341081, 0.176556)$ et $P_2 (-0.341081, 0.176556)$

5 - Trouver les coordonnées du sommet A de l'angle :

$\quad$ a - $\quad Y_A = - R\cos(\alpha/2)$

$\quad\quad\quad Y_A = - 2.613125\cos (45^\circ/2) = - 2.613125\cos (22.5^\circ)$

$\quad\quad\quad Y_A = - 2.613125 X 0.923879$

$\quad\quad\quad$ **$Y_A = - 2.414213$**

$\quad$ b - $\quad$ **$X_A = 0$**

$\quad\quad\quad$ **$X_{45} = 0$**

$\quad$ c - $\quad A_{45} (0, Y_A)$

$\quad\quad\quad$ **$A_{45} (0, - 2.414213)$**

Trois angles de la trisection sont délimitées par :

Ligne AB : **$A_{45} (0, - 2.414213)$** et **B (-1, 0)**

Ligne P_1A : **$A_{45} (0, - 2.414213)$** et **$P_{-1}(0.341081, 0.176556)$**

Ligne P_2A : **$A_{45} (0, - 2.414213)$** et **$P_2(-0.341081, 0.176556)$**

La Trisection Graphique d'un Angle α
par Harold Florentino LATORTUE, PhD

Ligne AC : A_{45} **(0, - 2.414213)** et **C (+ 1, 0)**

Les trois angles égaux de la solution sont : BAP_1, P_1AP_2 et P_2AC

Cas de α est égal à 135°

C'est l'un de l'angle pour lequel il y a des façons simples qui permettent de le diviser graphiquement par trois. Nous allons choisir **K égal à 1**. (Il faut se rappeler que K peut prendre n'importe quelle valeur). Ainsi, les coordonnées de B et C sont :

B (-K, 0) ou B (-1, 0)

C (+K, 0) ou C (+1, 0)

1 - Pour α = 135° trouver le rayon R

R_{135} = 1/sin(135°/2) = 1/sin(67.5°) = 1/(0.923879)

R_{135} = 1.082392

2 - A l'aide de R_{135}, déterminer X_{135}

X_{P1} = 1.082392sin (135°/6) = 1.082392sin (22.5°)

X_{P1} = 1.082392*0.382683

X_{P1} = + 0.414213

X_{P2} = - 1.082392sin (135°/6) = - 1.082392sin(22.5°)

X_{P2} = -1.082392*0.382683

X_{P2} = - 0.414213

3 - Puis calculer Y_{45}

Y_{P1} = Y_{P2} = R [cos (135°/6) - cos (135°/2)]

Y_{P1} = Y_{P2} = 1.082392 [cos (135°/6) - cos (135°/2)]

$Y_{P1} = Y_{P2} = 1.082392 \, [\cos (22.5^\circ) - \cos (67.5^\circ)]$

$Y_{P1} = Y_{P2} = 1.082392 \, (0.923880 - 0.382683)$

$Y_{P1} = Y_{P2} = 1.082392*0.541197$

$\mathbf{Y_{P1} = {}_{P2} = 0.585786}$

4 - Points P_1 et P_2

$\mathbf{P_1(0.414213, \, 0.585786)}$ et $\mathbf{P_2(- \, 0.414213, \, 0.585786)}$

5 - Trouver les coordonnées du sommet A de l'angle :

a - $Y_A = - \, R\cos(\alpha/2)$

$Y_A = - \, 1.082392\cos (135^\circ/2) = - \, 1.082392\cos(67.5^\circ)$

$Y_A = - \, 1.082392 * 0.382683$

$\mathbf{Y_A = - \, 0.414214}$

b - $\mathbf{X_A = 0}$

$\mathbf{X_{135} = 0}$

c - $A_{135} \, (0, \, Y_A)$

$\mathbf{A_{135} \, (0, \, - \, 0.414214)}$

Les trois angles de la trisection sont délimitées par :

Ligne AB : $\mathbf{A_{135}(0, \, - \, 0.414214)}$ et $\mathbf{B \, (-1, \, 0)}$

Ligne P_1A : $\mathbf{A_{135}(0, -0.414214)}$ et $\mathbf{P_{-1}(0.414213, \, 0.585786)}$

Ligne P_2A : $\mathbf{A_{135}(0, -0.414214)}$ et $\mathbf{P_2(-0.414213, \, 0.585786)}$

Ligne AC : A_{135} **(0, - 0.414214)** et **C (+ 1, 0)**

Les trois angles égaux de la solution sont : BAP_1, P_1AP_2 et P_2AC

Tableau de solutions algébriques pour différentes valeurs de α°

α°	K	R	X_{P1}	X_{P2}	$Y_{P1}=Y_{P2}$	X_A	Y_A
180	1	1.0000	0.5000	-0.5000	0.8660	0.0000	0.0000
150	1	1.0353	0.4375	-0.4375	0.6703	0.0000	-0.2679
135	1	1.0824	0.4142	-0.4142	0.5858	0.0000	-0.4142
120	1	1.1547	0.3949	-0.3949	0.5077	0.0000	-0.5774
90	1	1.4142	0.3660	-0.3660	0.3660	0.0000	-1.0000
60	1	2.0000	0.3473	-0.3473	0.2376	0.0000	-1.7321
50	1	2.2361	0.3442	-0.3442	0.2094	0.0000	-2.0000
45	1	2.6131	0.3411	-0.3411	0.1766	0.0000	-2.4142
30	1	3.8637	0.3367	-0.3367	0.1169	0.0000	-3.7321
20	1	5.7588	0.3348	-0.3348	0.0777	0.0000	-5.6713
15	1	8.3359	0.3340	-0.3340	0.0535	0.0000	-8.2757
10	1	11.4737	0.3337	-0.3337	0.0388	0.0000	-11.4301
5	1	22.9256	0.3334	-0.3334	0.0194	0.0000	-22.9038
1	1	114.5930	0.3333	-0.3333	0.0039	0.0000	-114.5887
$1.0E^{-06}$	1	$1.0E^{+08}$	0.3333	-0.3333	0.0000	0.0000	$-1.0E^{+08}$

Table 1 - Tableau de solutions algébriques pour différentes
valeurs de α°

Tableau comparatif solutions algébriques vs solutions graphiques

α^o	Algebraic		Graphic		Difference		Graphic	Diff. ^{o}
	X_{P1}	Y_{P1}	X_{P1}	Y_{P1}	X_{P1}	Y_{P1}	α^o_g	$\alpha^o/3 - \alpha^o_g$
180	0.50	0.87	0.50	0.87	0.00	0.00	60.0	0.0
150	0.44	0.67	0.44	0.67	0.00	0.00	50.0	0.0
135	0.41	0.59	0.41	0.59	0.00	0.00	45.0	0.0
120	0.39	0.51	0.40	0.51	0.00	0.00	40.0	0.0
90	0.37	0.37	0.37	0.37	0.00	0.00	30.0	0.0
60	0.35	0.24	0.35	0.24	0.00	0.00	20.0	0.0
50	0.34	0.21	0.34	0.20	0.00	0.01	16.7	0.0
45	0.34	0.18	0.34	0.18	0.00	0.00	15.0	0.0
30	0.34	0.12	0.34	0.12	0.00	0.00	10.0	0.0
20	0.33	0.08	0.34	0.08	0.00	0.00	6.7	0.0
15	0.33	0.05	0.33	0.06	0.00	0.00	5.0	0.0
10	0.33	0.04	0.33	0.04	0.00	0.00	3.3	0.0
5	0.33	0.02	0.33	0.02	0.00	0.00	1.7	0.0
1	0.33	0.00	0.33	0.00	0.00	0.00	0.3	0.0
1.00E-06	0.33	0.00	0.33	0.00	0.00	0.00	0.0	0.0

Table 2 - Tableau comparatif solutions algébriques vs solutions graphiques

Trouver l'équation du premier Lieu des points solutions situés dans le premier quadrant.

Forme A de l'équation

$$X = +R\sin(\alpha/6) \tag{1}$$

$$Y = R(\cos(\alpha/6) - \cos(\alpha/2)) \tag{2}$$

$$K = R\sin(\alpha/2) \tag{3}$$

$$Y^2 + X^2 = 2R^2 - K^2 - 2R^2\cos(\alpha/6)\cos(\alpha/2) \tag{4}$$

Réécriture de (4) : $Y^2 + K^2 = 2R^2 - 2R^2\cos(\alpha/6)\cos(\alpha/2) - X^2$

Soustraire: $3X^2 + 2KX$ des deux cotés de l'équation

$$Y^2 + K^2 - (3X^2 + 2KX) = 2R^2 - 2R^2\cos(\alpha/6)\cos(\alpha/2) - X^2 - (3X^2 + 2KX)$$

$$Y^2 + K^2 - 3X^2 - 2KX = 2R^2 - 2R^2\cos(\alpha/6)\cos(\alpha/2) - X^2 - 3X^2 - 2KX$$

$$Y^2 + K^2 - 3X^2 - 2KX = 2R^2 - 2R^2\cos(\alpha/6)\cos(\alpha/2) - 4X^2 - 2KX$$

Utilisant (1)

$$Y^2 + K^2 - 3X^2 - 2KX = 2R^2 - 2R^2\cos(\alpha/6)\cos(\alpha/2) - 4R^2\sin^2(\alpha/6) - KR\sin(\alpha/6)$$

Utilisant (3)

$$Y^2 + K^2 - 3X^2 - 2KX = 2R^2 - 2R^2\cos(\alpha/6)\cos(\alpha/2) - 4R^2\sin^2(\alpha/6)$$
$$- 2R^2\sin(\alpha/2)\sin(\alpha/6)$$

$$Y^2 + K^2 - 3X^2 - 2KX = 2R^2[1 - \cos(\alpha/6)\cos(\alpha/2) - 2\sin^2(\alpha/6)$$
$$- \sin(\alpha/2)\sin(\alpha/6)]$$

Vu que: $1 = \sin^2(\alpha/6) + \cos^2(\alpha/6)$

$Y^2 + K^2 - 3X^2 - 2KX = 2R^2[\sin^2(\alpha/6) + \cos^2(\alpha/6) - \cos(\alpha/6)\cos(\alpha/2)$

$$-2\sin^2(\alpha/6) - \sin(\alpha/2)\sin(\alpha/6)]$$

Alors:

$\cos(\alpha/6)\cos(\alpha/2) + \sin(\alpha/2)\sin(\alpha/6) = \cos(\alpha/2 - \alpha/6)$

$\cos(\alpha/6)\cos(\alpha/2) + \sin(\alpha/2)\sin(\alpha/6) = \cos(3\alpha/6 - \alpha/6) = \cos(\alpha/3)$

$Y^2 + K^2 - 3X^2 - 2KX = 2R^2[\sin^2(\alpha/6) + \cos^2(\alpha/6) - 2\sin^2(\alpha/6) - \cos(\alpha/3)]$

$Y^2 + K^2 - 3X^2 - 2KX = 2R^2[\cos^2(\alpha/6) - \sin^2(\alpha/6) - \cos(\alpha/3)]$

Vu que:

$\cos(\alpha/3) = \cos^2(\alpha/6) - \sin^2(\alpha/6)$

$Y^2 + K^2 - 3X^2 - 2KX = 2R^2[\cos(\alpha/3) - \cos(\alpha/3)]$

$Y^2 + K^2 - 3X^2 - 2KX = 2R^2[0]$

$Y^2 + K^2 - 3X^2 - 2KX = 0$

$3X^2 + 2KX - Y2 - K^2 = 0$ **(5)**

Multiplier par 3:

$9X^2 + 6KX - 3Y2 - 3K^2 = 0$

$9X^2 + 6KX + K^2 - K^2 - 3Y^2 - 3K^2 = 0$

$(3X + K)^2 - K^2 - 3Y^2 - 3K^2 = 0$

$(3X + K)^2 - 3Y^2 = 4K^2$

$9(X + K/3)^2 - 3Y^2 = 4K^2$

$(X + K/3)^2 - Y^2/3 = 4K^2/9$

Divisons par: $4K^2/9$

$[(X + K/3)^2 / 4K^2/9] - [(Y^2 /3) / 4K^2/9] = 1$

$[(X + K/3)^2 / (2K/3)^2] - [Y^2 / (2(3)^{1/2}K/3)^2] = 1$

C'est l'équation d'une hyperbole de la forme:

$(X-X_0)^2/a^2 - (Y-Y_0)^2/b^2 = 1$

$X_0 = - K/3$

$Y_0 = 0$

$a^2 = (2K/3)^2$

$b^2 = (2(3)^{1/2}K/3)^2$

dont le centre est:

$X_c = -K/3$

$Y_c = 0$

Hyperbole 1

$(X-X_0)^2/a^2 - (Y-Y_0)^2/b^2 = 1$

$X_0 = -K/3$

$Y_0 = 0$

$a^2 = (2K/3)^2$

$b^2 = [2(3)^{1/2}K/3]^2$

$X_c = -K/3$

$Y_c = 0$

Trouver l'équation du deuxième Lieu des points solutions situés dans le second quadrant.

Forme A of the équation

$$X = -R\sin(\alpha/6) \tag{1}$$

$$Y = R(\cos(\alpha/6) - \cos(\alpha/2)) \tag{2}$$

$$K = R\sin(\alpha/2) \tag{3}$$

$$Y^2 + X^2 = 2R^2 - K^2 - 2R^2\cos(\alpha/6)\cos(\alpha/2) \tag{4}$$

Réécriture de (4)

$$Y^2 + K^2 = 2R^2 - 2R^2\cos(\alpha/6)\cos(\alpha/2) - X^2$$

Soustraire: $3X^2 - 2KX$ des deux cotés de l'équation

$$Y^2 + K^2 - (3X^2 - 2KX) = 2R^2 - 2R^2\cos(\alpha/6)\cos(\alpha/2) - X^2 - (3X^2 - 2KX)$$

$$Y^2 + K^2 - 3X^2 + 2KX = 2R^2 - 2R^2\cos(\alpha/6)\cos(\alpha/2) - X^2 - 3X^2 + 2KX$$

$$Y^2 + K^2 - 3X^2 + 2KX = 2R^2 - 2R^2\cos(\alpha/6)\cos(\alpha/2) - 4X^2 + 2KX$$

Utilisant (1)

$$Y^2 + K^2 - 3X^2 + 2KX = 2R^2 - 2R^2\cos(\alpha/6)\cos(\alpha/2)$$

$$-4R^2\sin^2(\alpha/6) - 2KR\sin(\alpha/6)$$

Utilisant (3)

$$Y^2 + K^2 - 3X^2 + 2KX = 2R^2 - 2R^2\cos(\alpha/6)\cos(\alpha/2)$$

$$- 4R^2\sin^2(\alpha/6) - 2R^2\sin(\alpha/2)\sin(\alpha/6)$$

$Y^2 + K^2 - 3X^2 + 2KX = 2R^2[1 - \cos(\alpha/6)\cos(\alpha/2)$

$$- 2\sin^2(\alpha/6) - \sin(\alpha/2)\sin(\alpha/6)]$$

Vu que: $1 = \sin^2(\alpha/6) + \cos^2(\alpha/6)$

$Y^2 + K^2 - 3X^2 + 2KX = 2R^2[\sin^2(\alpha/6) + \cos^2(\alpha/6) - \cos(\alpha/6)\cos(\alpha/2)$

$$-2\sin^2(\alpha/6) - \sin(\alpha/2)\sin(\alpha/6)]$$

Vu que:

$\cos(\alpha/6)\cos(\alpha/2) + \sin(\alpha/2)\sin(\alpha/6) = \cos(\alpha/2 - \alpha/6)$

$\cos(\alpha/6)\cos(\alpha/2) + \sin(\alpha/2)\sin(\alpha/6) = \cos(3\alpha/6 - \alpha/6) = \cos(\alpha/3)$

$Y^2 + K^2 - 3X^2 + 2KX = 2R^2[\sin^2(\alpha/6) + \cos^2(\alpha/6) - 2\sin^2(\alpha/6) - \cos(\alpha/3)]$

$Y^2 + K^2 - 3X^2 + 2KX = 2R^2[\cos^2(\alpha/6) - \sin^2(\alpha/6) - \cos(\alpha/3)]$

Vu que:

$\cos(\alpha/3) = \cos^2(\alpha/6) - \sin^2(\alpha/6)$

$Y^2 + K^2 - 3X^2 + 2KX = 2R^2[\cos^2(\alpha/6) - \sin^2(\alpha/6) - \cos^2(\alpha/6) + \sin^2(\alpha/6)]$

$Y^2 + K^2 - 3X^2 + 2KX = 2R^2[0]$

$Y^2 + K^2 - 3X^2 + 2KX = 0$

$3X^2 - 2KX - Y2 - K^2 = 0$ **(5)**

Multiplier par 3:

$9X^2 - 6KX - 3Y2 - 3K^2 = 0$

$9X^2 - 6KX + K^2 - K^2 - 3Y^2 - 3K^2 = 0$

$(3X - K)^2 - K^2 - 3Y^2 - 3K^2 = 0$

$(3X - K)^2 - 3Y^2 = 4K^2$

$9(X - K/3)^2 - 3Y^2 = 4K^2$

$(X - K/3)^2 - Y^2/3 = 4K^2/9$

Diviser par : $4K^2/9$

$[(X - K/3)^2 / 4K^2/9] - [(Y^2/3) / 4K^2/9] = 1$

$[(X - K/3)^2 / (2K/3)^2] - [Y^2 / (2(3)^{1/2}K/3)^2] = 1$

C'est l'équation d'une hyperbole de la forme:

$(X-X_0)^2/a^2 - (Y-Y_0)^2/b^2 = 1$

$X_0 = + K/3$

$Y_0 = 0$

$a^2 = (2K/3)^2$

$b^2 = (2(3)^{1/2}K/3)^2$

dont le centre est:

$X_c = +K/3$

$Y_c = 0$

Hyperbole 2

$(X-X_0)^2/a^2 - (Y-Y_0)^2/b^2 = 1$

$X_0 = +K/3$

$Y_0 = 0$

$a^2 = (2K/3)^2$

$b^2 = [2(3)^{1/2}K/3]^2$

$X_c = +K/3$

$Y_c = 0$

Esquisse de solutions algébriques pour les points dans le premier quadrant pour différentes valeurs de α^o

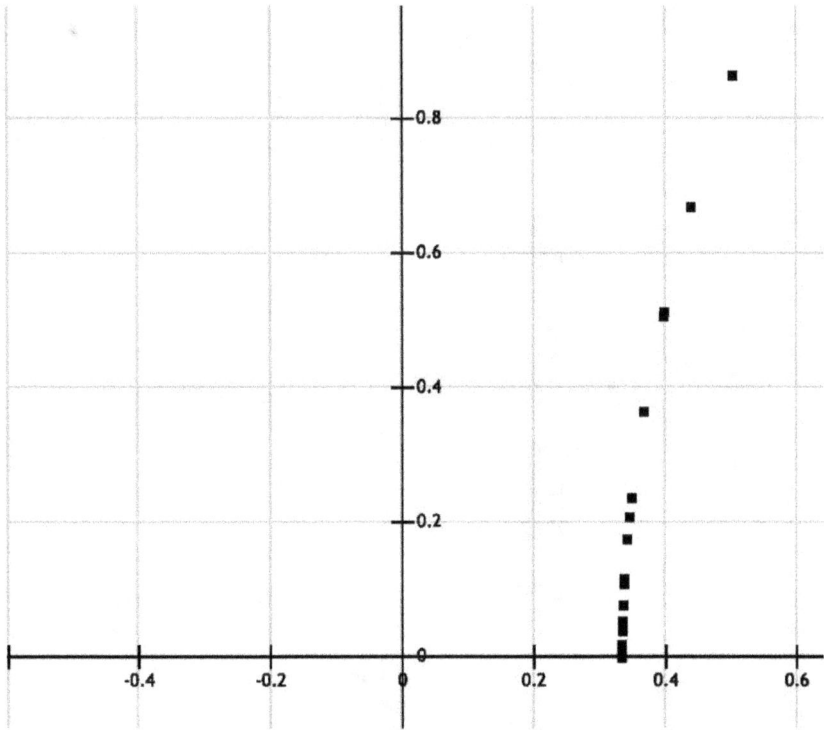

Figure 26 - Esquisse de solutions algébriques pour les points dans le premier quadrant pour différentes valeurs de α^o

Esquisse de solutions algébriques pour les points dans le
premier et le deuxième quadrant pour différentes valeurs de α^o

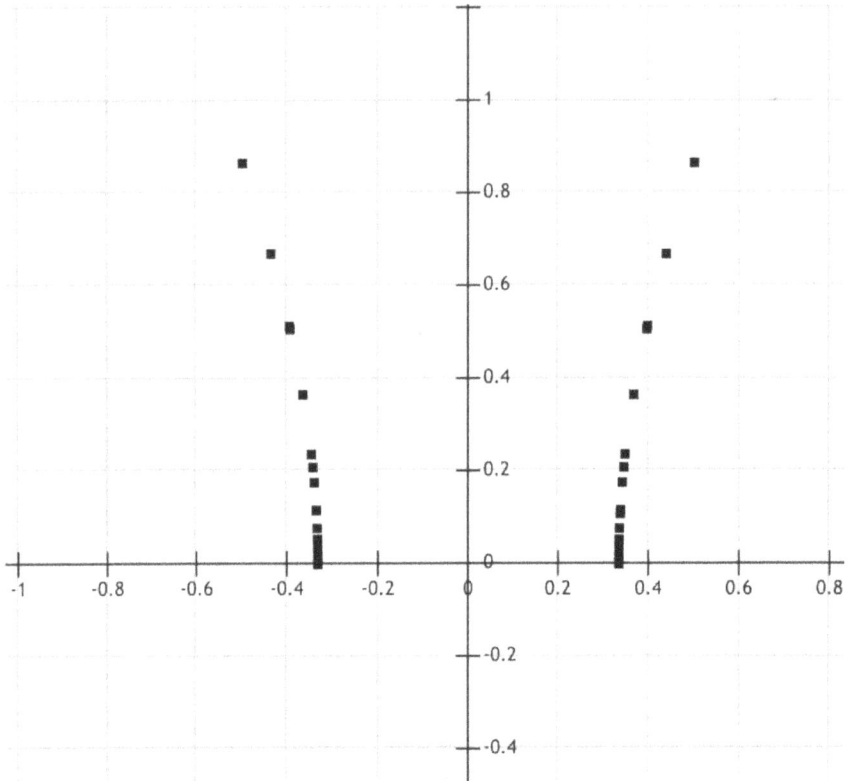

Figure 27 - Esquisse de solutions algébriques pour les points
dans le premier et le deuxième quadrant pour différentes
valeurs de α^o

Croquis de l'hyperbole 1 (vue détaillée)

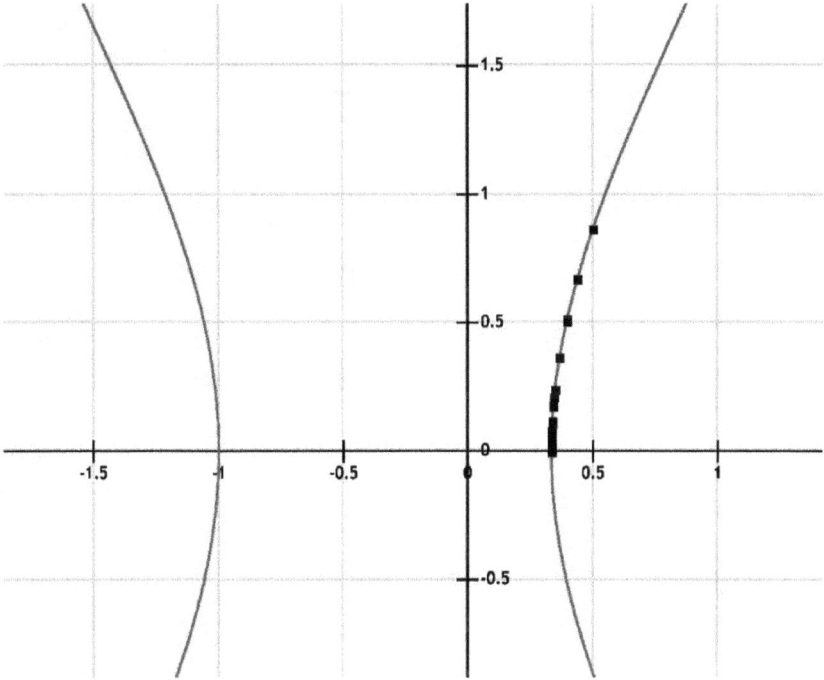

Figure 28 - Croquis de l'hyperbole 1 (vue détaillée)

Croquis de l'hyperbole 1 (vue entière)

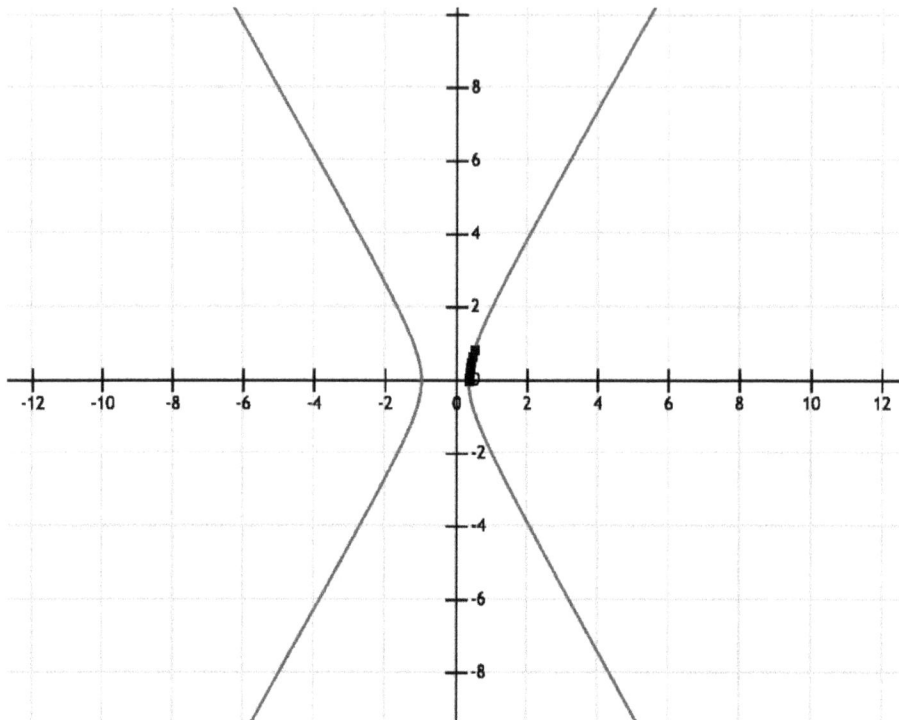

Figure 29 - Croquis de l'hyperbole 1 (vue entière)

Croquis des hyperboles 1 and 2 avec leurs asymptotes

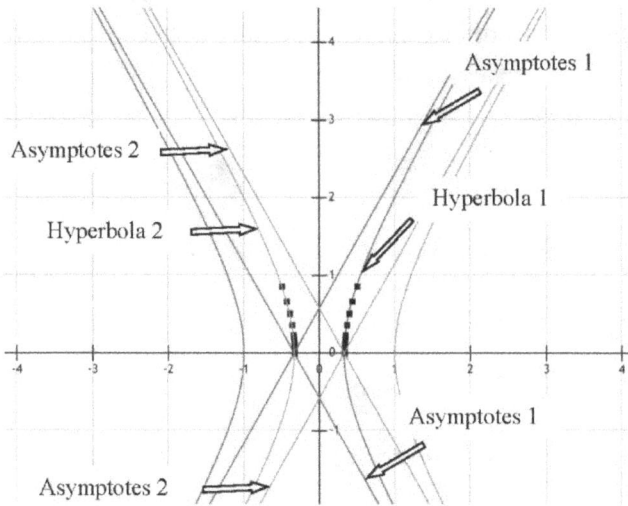

Figure 30 - Croquis des hyperboles 1 and 2 avec leurs
asymptotes

Important:

Il faut noter que les points solutions dans le deuxième quadrant sont sur une hyperbole différente de la solution des points sur le premier quadrant. L'analyse de ce phénomène a révélé que les points sur le premier quadrant est sur l'hyperbole 1 définie par :

$$(X-X_o)^2/a^2 - (Y-Y_o)^2/b^2 = 1$$

avec

$$X_o = -K/3$$

$$Y_o = 0$$

$$a = 2K/3 \qquad et \qquad b = 2K(3)^{1/2}/3$$

Cette hyperbole 1 est centrée à: $X = -K/3$ et $Y = 0$

Alors que les points sur le deuxième quadrant sont sur une hyperbole différente définie par :

$$(X-X_o)^2/a^2 - (Y-Y_o)^2/b^2 = 1$$

avec

$$X_o = K/3$$

$$Y_o = 0$$

$$a = 2K/3 \qquad et \qquad b = 2K(3)^{1/2}/3$$

Cette hyperbole 2 est centrée à : $X = K/3$ and $Y = 0$

Une autre remarque importante est le fait que l'un des sommets de l'hyperbole 1 et l'un des sommets de l'hyperbole 2 se trouvent sur l'axe des X à +K/3 et -K/3. Ces points sont les

La Trisection Graphique d'un Angle α

solutions pour α égal à zéro. Cela confirme que la solution pour α égal à zéro, dans la solution graphique, est justifiée lorsqu'elle est placée à la trisection du segment BC. Certes, cette méthode révélera plusieurs caractéristiques qui pourront être exploitées à l'avenir, mais cette recherche est au-delà de l'objectif de cette étude.

Conclusions sur la trisectrice de l'angle α

Comme on peut le voir, la méthode algébrique de la trisectrice de l'angle α est très chronophage et implique beaucoup de calculs et de transferts de données dans le graphique, même pour des angles très connus α tels 180° et 90°. Les possibilités d'erreurs sont importantes. C'est la raison pour laquelle il est nécessaire de définir un moyen graphique de la trisection de l'angle α.

L'objectif de cette étude était de démontrer qu'une solution graphique est possible à l'aide d'un compas et d'une équerre telle qu'elle est spécifiée dans l'énoncé du problème. Cet objectif est atteint avec succès. Toute personne ayant une connaissance de base de la géométrie peut et sera en mesure de tracer la trisectrice de n'importe quel angle α à l'aide de cette méthode assez simple de FLatortue.

Pourquoi ce problème a été classé comme 'impossible' depuis des siècles dépasse l'entendement ? Cependant, grâce à la méthode FLatortue, il est espéré qu'elle sera enseignée à tous les niveaux de classe de géométrie, tout en insistant sur le fait que, pendant des siècles, il a été classé comme ' impossible à résoudre '. L'espoir est que, quelque part sur la planète, un gamin intelligent sera inspiré et fournira des solutions aux autres problèmes dans la catégorie des 'problèmes impossibles à résoudre'.

ANNEXES

1 - De L, tracer un premier cercle de rayon égal à LF et marquer T, l'intersection supérieure de ce cercle avec la ligne FL.

2 - De T, tracer un second cercle de rayon égal à TL.

3 - Tracer la ligne UV qui relie l'intersection des deux cercles.

4 - Mark W l'intersection de UV avec TB.

5 - Mark R et S les intersections de la ligne BC avec un cercle centré sur L et de rayon égal à LW.

6 - les segments BR, RS et SC sont les trisections du segment BC.

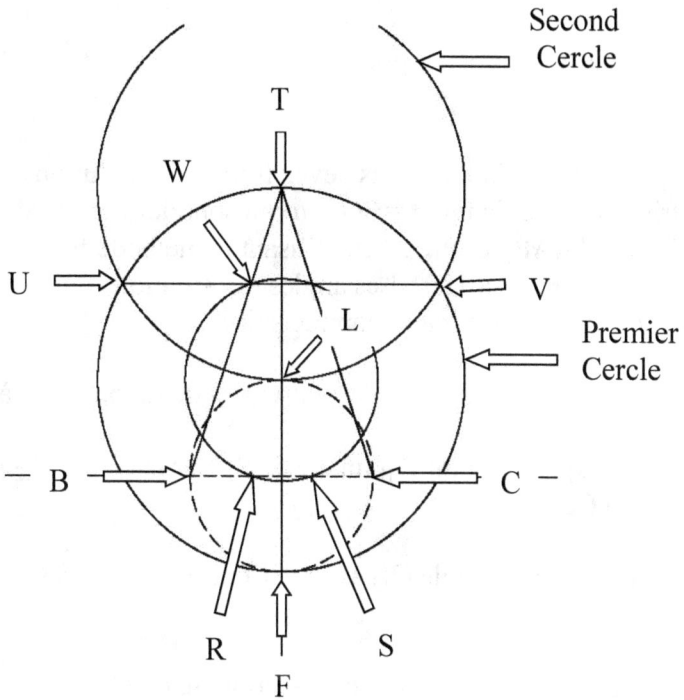

Figure 31 - Construire la trisection du segment BC

La Trisection Graphique d'un Angle α
par Harold Florentino LATORTUE, PhD

Annexe 2 – Solution pour α plus grand que 180°

Tout d'abord vous devez trouver les solutions de la trisectrice de l'angle $\phi = 360 - α$ qui sont définies par les angles $BAP_{2\phi}$, $P_{2\phi}AP_{1\phi}$ et $P_{1\phi}AC$ en utilisant la méthode FLatortue pour un angle inférieur à 180°. Les angles α/3 solutions pour la trisectrice de α peuvent être tracés comme suit :

1 – Tracer le Cercle C_{12} de centre A et de rayon égale à AB.

2 – Marquer le point $P'_{1\phi}$ image de $P_{1\phi}$ sur le cercle C_{12} par rapport au Centre A.

3 - Dessiner le cercle C_{13} avec le Centre $P'_{1\phi}$ et le rayon égal à $P'_{1\phi}$ A.

4 - Marquer le point $P_{1α}$ l'intersection du cercle C_{12} et cercle C_{13}.

5 - Tracer la ligne $AP_{1α}$.

6 - Répéter les étapes de1 à 5 pour le point $P_{2\phi}$ pour dessiner la ligne $AP_{2α}$. (Les étapes de la $P_{2\phi}$ ne sont pas dessinées dans la figure suivante).

Les angles $BAP_{2α}$, $P_{2α}AP_{1α}$ et $P_{1α}AC$ sont les angles de la solution pour la trisectrice de α.

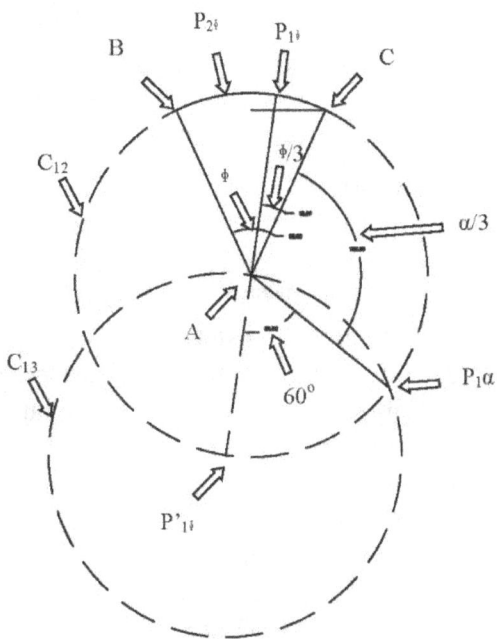

Figure 32 - Solution for α plus grand que 180°.

Biographie

Né en 1953 à Port au Prince (Haïti), le Dr Harold Florentino Latortue détient plusieurs diplômes dont :

- Un Baccalauréat en génie Civil (juillet 1977) de la « Université d'Etat d'Haïti », Haïti Port-au-Prince
- Un Diplôme de maîtrise ès sciences (décembre 1984) de Texas A & M University, College Station au Texas
- Un Doctorat (déc. 1986) de Texas A & M University, College Station au Texas.

Dr Latortue a une longue expérience dans le secteur privé et l'Administration publique. Il a servi à plusieurs postes de haut niveau tels que :

o Conseiller auprès du Président d'Haïti (2012)
o Conseiller auprès du Premier Ministre d'Haïti (2011)
o Secrétaire des États pour le tourisme, (2005)
o Directeur Général du Ministère du Tourisme (2004)
o Membre de Cabinet au Ministère du Commerce (2004)
o Membre du Cabinet au Ministère du Tourisme (2004)
o Directeur de Cabinet au Ministère des Travaux Publics, transports et communications (1993 et 1998)
o Directeur des Ressources Naturelles au Ministère de l'Agriculture (1987)
o Conseiller auprès du Conseil d'administration à SocaBank
o Membre du Conseil d'administration de Union School, Haïti
o Conseiller auprès du Directeur Général de l'Electricité d'Haïti (1991)

Dr Latortue parle Anglais, Français, Espagnol et Créole Haïtien.

Table des Matières

La Trisection Graphique d'un Angle α

par Harold Florentino LATORTUE, PhD

La Trisection Graphique d'un Angle α

www.ingramcontent.com/pod-product-compliance
Lightning Source LLC
Chambersburg PA
CBHW052109230326

41599CB00054B/5268